BEI GRIN MACHT SICH IHR WISSEN BEZAHLT

- Wir veröffentlichen Ihre Hausarbeit,
  Bachelor- und Masterarbeit

- Ihr eigenes eBook und Buch -
  weltweit in allen wichtigen Shops

- Verdienen Sie an jedem Verkauf

Jetzt bei www.GRIN.com hochladen
und kostenlos publizieren

Joerg Geuting

Bocholt - Ein Beispiel für praxisorientiertes Stadtmarketing

GRIN Verlag

Bibliografische Information der Deutschen Nationalbibliothek:

Die Deutsche Bibliothek verzeichnet diese Publikation in der Deutschen National-
bibliografie; detaillierte bibliografische Daten sind im Internet über http://dnb.d-
nb.de/ abrufbar.

Impressum:

Copyright © 2004 GRIN Verlag GmbH
Druck und Bindung: Books on Demand GmbH, Norderstedt Germany
ISBN: 978-3-640-84347-3

Dieses Buch bei GRIN:

http://www.grin.com/de/e-book/32983/bocholt-ein-beispiel-fuer-praxisorientiertes-
stadtmarketing

GRIN - Your knowledge has value

Der GRIN Verlag publiziert seit 1998 wissenschaftliche Arbeiten von Studenten, Hochschullehrern und anderen Akademikern als eBook und gedrucktes Buch. Die Verlagswebsite www.grin.com ist die ideale Plattform zur Veröffentlichung von Hausarbeiten, Abschlussarbeiten, wissenschaftlichen Aufsätzen, Dissertationen und Fachbüchern.

Besuchen Sie uns im Internet:

http://www.grin.com/

http://www.facebook.com/grincom

http://www.twitter.com/grin_com

Westfälische Wilhelms-Universität Münster
Institut für Geographie
Semester: WiSe 2004 / 2005
Seminar: Wirtschaftsgeographische Perspektiven auf
aktuelle Tendenzen in Stadtmarketing und
regionaler Wirtschaftsförderung

Datum: 16.12.2004

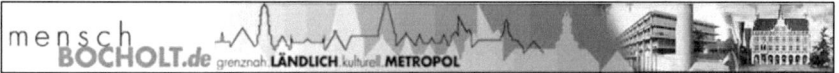

Bocholt

Ein Beispiel für praxisorientiertes Stadtmarketing

Die Stadtmarketing Gesellschaft Bocholt mbH & Co. KG

Joerg Geuting

Inhaltsverzeichnis

Abbildungsverzeichnis

Tabellenverzeichnis

1. Einleitung

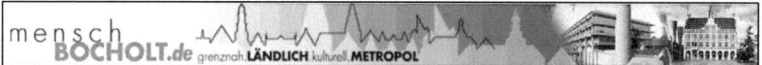

Mit diesem Slogan stellt sich die Stadt Bocholt auf ihrer Internetseite vor. Bocholt ist eine Mittelstadt in Nordrhein-Westfalen mit rund 75.000 Einwohnern. Sie liegt im Kreis Borken im westlichen Münsterland und bildet im Norden der Stadt die Landesgrenze zwischen Deutschland und den Niederlanden. Die westliche Stadtgrenze ist gleichzeitig die Grenze zwischen Westfalen und dem Niederrhein. Von den 11.937ha Stadtfläche entfallen nur 23,6 Prozent auf bebaute und sonstige Flächen. Knapp zwei Drittel der Stadtfläche (65,9 Prozent) werden für die Landwirtschaft genutzt und rund 10 Prozent entfallen auf Wald-, Wasser- und Erholungsflächen sowie Grünanlagen (Deutsche Enzyklopädie). Das Stadttheater, das Stadtmuseum, das Handwerksmuseum, das Westfälische Industriemuseum – Textilmuseum Bocholt, die Musikschule, die St.-Georg Kirche, der Wasserturm, sowie das Schulmuseum des St.-Georg Gymnasium zeigen nur einen kleinen Teil des gesamten kulturellen Angebots der Stadt mit einer Geschichte von über 750 Jahren. Bocholt ist in der Region die größte Stadt und übernimmt deshalb auch viele zentrale Funktionen für die Region. Die nächste

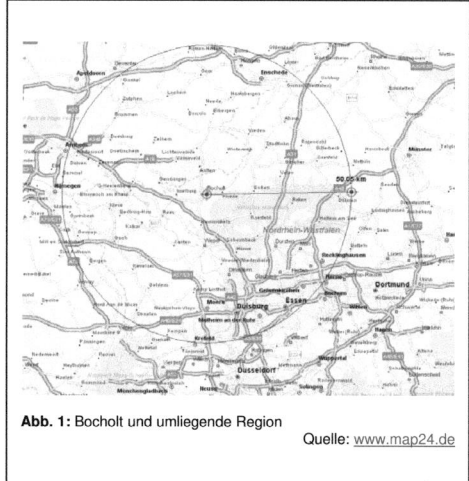

Abb. 1: Bocholt und umliegende Region
Quelle: www.map24.de

vergleichbar größere Stadt ist Wesel, die ca. 20 Kilometer südlich von Bocholt liegt. Östlich ist erst Münster die nächst größere Stadt, die ca. 70 Kilometer entfernt liegt. Im Norden und Westen sind es die niederländischen Städte Enschede und Nijmegen, die beide ca. 50 Kilometer entfernt liegen, welche die Größe Bocholts überschreiten (siehe Abb.1).Bei Betrachtung dieser Fakten, kann man sagen, dass der Slogan „grenznah.Ländlich.kulturell.Metropol" wie geschaffen für Bocholt ist.

Inhalt dieser Arbeit soll es sein die Stadtmarketing Gesellschaft Bocholt mbH & Co. KG., sowie ausgewählte Projekte, die von ihr initiiert wurden vorzustellen, und unter dem Aspekt „Nutzen für das Image Bocholts", zu bewerten. Dazu soll das Open Air Festival 2003 und der Internetauftritt der Stadt genauer untersucht werden.

2. Stadtmarketing Gesellschaft Bocholt mbH & Co. KG

2.1. Gründung der Stadtmarketing Gesellschaft

Mitte der 90er Jahre wurde ein Trend in die Ballungsräume, aktive Wirtschaftsförderung in den umliegenden Kommunen, ein wachsender Konkurrenzkampf der Städte untereinander sowie eine gewisse Betriebsblindheit in der Stadt Bocholt wahrgenommen. Der damalige „Initiativkreis Stadtmarketing Bocholt" wollte diesen Entwicklungen wirkungsvoll begegnen. Man wollte aber nicht nur reagieren können sondern aktiv agieren, um Probleme zu vermeiden und Chancen zu entwickeln. Aus diesen Überlegungen heraus wurde im Jahre 1996 die Stadtmarketing Gesellschaft Bocholt mbH & Co. KG gegründet. Ihre eigentlichen operativen Tätigkeiten nahm die Stadtmarketing Gesellschaft aber erst zu Beginn 1997 auf (Dieckhues 2005).

Im Rahmen einer Anschubfinanzierung brachten die Stadt Bocholt sowie 29 weitere Gesellschafter aus Handel, Industrie, dem Dienstleistungsbereich und Verbänden eine Millionen DM Stammkapital auf. Diese Anschubfinanzierung wurde auf eine Laufzeit von vier Jahren angelegt (Oktober 1996 bis September 2000). Nach Ablauf dieses Zeitraums sollte die Stadtmarketing Gesellschaft sich ihre Wirtschaftlichkeit selber sichern. Bei der Finanzierung konnten keine Fördergelder in Anspruch genommen werden, da die Gründung der Stadtmarketing Gesellschaft in Bocholt vor den, vom Ministerium für Stadtentwicklung, in ganz NRW eingeleiteten Stadtmarketing-Prozessen erfolgte. Der Vorteil dieses zeitlichen Vorsprungs bereitet der Stadtmarketing Gesellschaft heute noch Vorsprünge, gegenüber anderen Kommunen, bei der praktischen Umsetzung von Stadtmarketing Strategien (Dieckhues 2005).

Mittlerweile vereinigt die Stadtmarketing Gesellschaft Bocholt die Aufgabenbereiche „Citymarketing / Handel", „Kirmes / Märkte", „Wirtschaft / Industrie", „Tourismus", „Projekte / Events", „Standortwerbung / Öffentlichkeitsarbeit", „Marketing Services", „Interne Dienste" für die Stadt Bocholt unter einem Dach. Die Stadtmarketing Gesellschaft ist in zwei Anteile aufgeteilt. Die Stadt Bocholt ist 50%iger Gesellschafter und 36 Betriebe vereinen die anderen 50% der Gesellschaftsanteile auf sich. Also ein klassisches Beispiel eines „Public-Private-Partnership-Modells" (Stadtmarketing Gesellschaft Bocholt mbH & Co. KG).

Seit der Gründung der Gesellschaft lag jeder Jahresabschluss „über dem Plan". In drei Jahren der sieben Geschäftsjahre schrieb man sogar schwarze Zahlen, was in diesem Bereich, der fast überall ein kommunales Zuschussgeschäft ist, eher selten ist. Ihre Aktivitäten finanziert die Stadtmarketing Gesellschaft aus Eintrittsgeldern, Fördermitteln, Sponsoring und anderen Quellen (Dieckhues 2005).

2.2. Aufgaben der Stadtmarketing Gesellschaft

Die Aufgaben der Stadtmarketing Gesellschaft kann grob in zwei Bereiche unterteilt werden. Zum einen das Innenmarketing, welches das Image des Standorts Bocholt bei der eigenen Bevölkerung aufbessern will. Ziel ist es dass sich die Bürger mit der Stadt Bocholt identifizieren und sich in Bocholt wohlfühlen. Zum anderen das Außenmarketing welches versucht den

„Standort Bocholt" in der Region und darüber hinaus attraktiv darzustellen. Gäste und Touristen sollen sich vom Flair der Stadt sowie dem zu erwartenden Einkaufs- und Freizeiterlebnis anziehen lassen (Dieckhues 2005).

Die Bocholter Stadtmarketing Gesellschaft kümmert sich, gemeinsam mit den entsprechenden Fachbereichen der Stadt, sehr intensiv um die Standortwerbung, innovative Internetaktivitäten, und die Öffentlichkeitsarbeit. Aber auch im Bereich der Stadtentwicklung und der Wirtschaftsförderung arbeiten Stadt und Stadtmarketing eng zusammen. Im Rahmen eines gemeinsamen Image- und Eventwerbekonzeptes übernimmt die Stadtmarketing Gesellschaft die komplette Koordination für die Bocholter Werbegemeinschaften. Dazu zählt z.B. auch die Planung, Organisation und Durchführung von Events in der Innenstadt, aber auch Open Air Veranstaltungen im Stadion oder am Aa-See, sowie kulturelle Belange und Musikveranstaltungen die im Rathaus oder dem Brauhaus durchgeführt werden (siehe Abb. 2).

Abb. 2: Aktionen in der Innenstadt (1:Herbstkirmes, 2: „Bocholt unter Dampf", 3: „Bokeltsen Treff", 4: „Bocholt on ice")
Quelle: Bocholter Pressearchiv

Auch die komplette Organisation und Durchführung von Firmenveranstaltungen in Bocholt übernimmt die Stadtmarketing Gesellschaft (Stadtmarketing Gesellschaft Bocholt mbH & Co. KG). Mit der „Tourist-Info Bocholt", die der Stadtmarketing Gesellschaft Bocholt angeschlossen ist, werden in Kooperation mit dem Hotel- und Gaststättenverband und der „Münsterland Touristik" die touristischen Belange der Grenzstadt Bocholt näher gebracht.

Ein weiterer Vorteil liegt darin, dass das Landesbüro Stadtmarketing NRW im selben Gebäude ansässig ist wie die Bocholter Stadtmarketing Gesellschaft. Dies ermöglicht eine enge Zusammenarbeit und Kooperation. Das Landesbüro kümmert sich aber zumeist um die Beratung und Informierung der Gemeinden in NRW. Durch die enge Zusammenarbeit mit dem Landesbüro hat die Stadtmarketing Gesellschaft Bocholt eine beispielhafte Stellung im Bereich des praxisorientierten Stadtmarketing in NRW (Stadtmarketing Gesellschaft Bocholt mbH & Co. KG).

3. Das Open Air Festival am 11. Juli 2003 im Stadion "Am Hünting"

3.1. Einführende Informationen

Zu den alljährlichen festen Bestandteilen im Veranstaltungskalender gehört das „Open Air Festival am Hünting". Nachdem schon Stars wie Brian Adams, BAP, Sasha und Joe Cocker in Bocholt gastierten, war es natürlich nicht leicht, beim 6. Bocholter Open Air Festival, dieses Angebot zu toppen. Für das Jahr 2003 konnte die Band „Simple Minds" gewonnen werden, um auf der Open Air Bühne im Bocholter Fußballstadion zu spielen.

Tab.1: Sponsoren für das Open Air Festival 2003 am Hünting

Hauptsponsoren	
Theissen Fliesen	- führender Fachbetrieb des Fliesengewerbes und größter Bauträger im westlichen Münsterland
Volksbank Bocholt	- führendes Kreditinstitut in Bocholt, Kooperationspartner der Westdeutschen Genossenschaftszentralbank Düsseldorf / Münster
Bocholter Energie- und Wasserversorgung GmbH (BEW)	- das Energieversorgungsunternehmen vor Ort
Novoferm	- Führender Hersteller von Toren und Zargen in Deutschland
Co – Sponsoren	
- Druckerei Busch, Bocholt - Kultur News, Düsseldorf - Bochers, Borken	- MusiX (Das Konzertmagazin), Egenhofen - Handelshof, Bocholt
Mediensponsoren	
- Bocholter Borkener Volksblatt (BBV)	- Westmünsterlandwelle (WMM, Lokalradio für das westliche Münsterland)

Quelle: Dieckhues 2003

Nach weiteren Verhandlungen, die bis zum Mai 2003 anhielten stand dann das „Line-Up" fest. Den Anfang machte die Bocholter Band „Fairfield" gefolgt von der Band „Roger Chapman & The Shortlist" (siehe Abb. 3).

Abb.3: Flyer für das Open Air Festival 2003

Quelle: Dieckhues 2003

Um den Gästen vor dem Haupt-Gig richtig einzuheizen konnte die Band „Fury in the Slaughterhouse" engagiert werden, bevor dann die „Simple Minds" um 22:15Uhr auftraten und das Schlusslicht des Musikevents setzten, bevor dann die After-Show-Party begann (Theissen 2003).Um dieses Event, welches am 11.Juli 2003 stattgefunden hat, zu finanzieren wurden viele Sponsoren gewonnen. Die Hauptsponsoren haben alle ihren Sitz in Bocholt, und einige der Co-Sponsoren kommen von Auswärts (siehe Tabelle 1). Für die Getränkeversorgung wurden die Sponsoren „C.A. Veltins Brauerei" aus Meschede, die „Privatbrauerei Diebels" aus Issum, „Getränke Westhoff" aus Bocholt und „Getränke Stams" aus Wesel gewonnen werden. Als Kooperationspartner fungierten zum einen die Stadt Bocholt als Eigentümer des Stadion „Am Hünting", und zum anderen der 1.FC Bocholt als Stadionpächter. Die Risikoabdeckung für dieses Event wurde durch einen Pauschalbetrag der Hauptsponsoren, sowie durch den örtlichen Veranstalter, der Stadtmarketing Gesellschaft Bocholt, gestellt (Dieckhues 2003).

Die Kapazitäten des Events lagen bei 13.000 Zuschauerplätzen, davon 2.000 Sitzplätze sowie 4.000 überdachte Stehplätze, die sich vor der 612m² großen Bühne, auf einer Fläche von 6.100m² anordneten. Bei der Musikanlage mit knapp 100.000 Watt handelte es sich um

Abb. 4: Ballone und VIP-Zelt auf dem Open Air
2003   Quelle: Dieckhues 2003

die Anlage, welche Herbert Grönemeyer auf seiner Tour verwendet hatte und die für die Beschallung von bis zu 100.000 Gästen ausreicht (Borkert 2003). Für das leibliche Wohl der Gäste wurde an elf Getränkepavillons und sieben Imbissständen gesorgt. Zudem gab es noch Stände für Süßwaren und Merchandising-Artikel. Zur zusätzlichen Innenraumausstattung wurde ein VIP-Zelt aufgestellt sowie drei Heißluftballone (siehe Abb. 4). Für einen reibungslosen Ablauf des Events sorgten 30 Einsatzkräfte der Polizei und Feuerwehr, 70 freiwillige Helfer des THW, 40 Helfer des Deutschen Roten Kreuz und 60 Sicherheitskräfte des Sicherheitsdienstes „Securitas GmbH Essen / Münster" (Dieckhues 2003).

3.2. Werbung für das Event

Um auf das Event aufmerksam zu machen wurden insgesamt 7.500 Din A1 – Plakate, 25.000 Din A5 – Flyer gedruckt. Zudem wurden Anzeigen in diversen Musikzeitschriften im gesamten Bundesgebiet, in Tageszeitungen in den Niederlanden und in Veranstaltungsmagazinen gedruckt. Durch den Auftritt auf verschiedenen Internetseiten wurde die Werbung noch weiter ausgeweitet (siehe Abb. 5). Auch bei dem Mediensponsor „WMW" (Radio Westmünsterland) liefen im Programm „Trailer" um dieses Event publik zu machen. Zudem wurde im Fernsehen, im In- und Ausland, auf das Event hingewiesen. Die Vor- und Nachberichterstattung wurde in vielen regionalen und überregionalen Zeitungen abgedruckt (Dieckhues 2003).

Abb.5: Werbematerial für das Open Air Festival 2003 (1: Flyer –deutsch, 2: Flyer – niederländisch, 3: Zeitungsanzeige
Quelle: Dieckhues 2003

Die Karten konnten bereits im Dezember 2002 für 36€, in 7 lokalen / regionalen Vorverkaufstellen, beim bundesweiten „CTS-Vorverkaufssystem" sowie in niederländischen Vorverkaufsstellen, Poststellen sowie dem niederländischen Online Ticketservice („Ticketservice Nederland", Den Haag), bestellt werden. An der Abendkasse kosteten die Karten 40€. Bis zum Mai 2003 wurden bereits über 5000 Karten im Vorverkauf bestellt. Nachdem das endgültige Programm im Mai 2003 feststand, konnten bis Juni 2003 weitere 2000 Karten im Vorverkaufverkauf verkauft werden. Bis zum Tag des Events belief sich die Summe der, im Vorverkauf, vertriebenen Karten auf 9500 Stück. Der Geschäftsführer der Stadtmarketing Gesellschaft, Ludger Dieckhues, rechnete bei gutem Wetter mit bis zu 11.500 Gästen (Borkert 2003).

3.3. Rückblick auf das Open Air Festival 2003

Rückblickend war das Open Air Festival ein voller Erfolg. Etwa 12.000 Gäste feierten am 11.07.2003, bei strahlendem Sonnenschein, mit den Bands (siehe Abb. 6). Die Stimmung war schon kurz nach dem Beginn gut und steigerte sich immer mehr bis zum „Haupt-Gig". Und auch nach dem Konzert feierten die Gäste noch weiter bei der anschließenden „After-Show-Party".

Abb.6: Impressionen vom Open Air Festival 2003 (1: Einlass, 2: Partyatmosphäre, 3: Roger Chapman, 4: Blick auf die Bühne   Quelle: Dieckhues 2003

Doch so ein Konzert läuft nicht immer reibungslos ab. Der geplante Einlass um 17:00Uhr musste um zwanzig Minuten verschoben werden, da Roger Chapman im Stau stecken geblieben war, und so der „Soundcheck" länger dauerte als geplant. Und bevor der „Soundcheck" nicht abgeschlossen wurde, durften die Gäste nicht auf das Gelände gelassen werden. Ein Missgeschick bei der Organisation war, dass vergessen wurde neues WC-Papier auf die „Dixie-Toiletten" nachzulegen (Moebs 2003).

Die hohen Temperaturen führten zu einem enormen Getränkekonsum bei den Gästen, so-dass die 12.000 Gäste mehr Getränke konsumierten als die 15.000 Gäste auf dem letztjäh-rigen Open Air Festival mit Bryan Adams. Deswegen kam es an den Getränkeständen zeit-weise zu Warteschlangen. Engpässe entstanden auch bei dem Angebot an Zigaretten, und so mussten einige Gäste doch längere Wege in Kauf nehmen um ihrer „Sucht zu frönen" (Schlütter 2003). Die Gestaltung der „Backstage-Pässe" müsste auch noch mal überdacht werden, denn der Security-Service war „Backstage" schwer damit beschäftigt, aufgrund der vielen verschiedenen Farben der Pässe, die einzelnen „wichtigen" Persönlichkeiten ausein-ander zu halten.

Doch trotzdem fällt das Fazit vom Stadtmarketing Chef, Ludger Dickhues, positiv aus. Die Zuschauerzahlen mit 12.000 übertrafen die Erwartungen. „Das Open Air Festival ist ein überregionaler Begriff für eine große Party und wird auch im nächsten Jahr mit dem siebten Open Air fortgeführt werden" (Moebs 2003).

4. Internetauftritt der Stadt Bocholt

Seit dem 01.12.2001 existiert das neue Internetportal der Stadt Bocholt, und ist unter der URL www.bocholt.de abrufbar. Es entstand in Kooperation zwischen der „Stadt Bocholt", der „Volksbank Bocholt e.G.", der „Stadtmarketing Gesellschaft Bocholt mbH & Co. KG" und der „Intabo Datendienstleistungsgesellschaft mbH", welche eine Tochter der Volksbank Bocholt ist. Der vollständige Aufbau des Portals dauerte ungefähr ein halbes Jahr (Tersteegen[1] 2001). Ziel des Internetportals ist es die lokalen und regionalen Angebote sowie Informatio-nen unter einem Dach zu vereinen. So schafft es die Stadt Bocholt mit Ihrem Internetportal, Informationen und Interaktion zu verknüpfen (Intabo 2002).

Die Bürger können sich beispielsweise vor Behördenbesuchen über Ansprechpartner, Öff-nungszeiten und notwendige Unterlagen informieren. Aber auch für Gäste und Besucher aus aller Welt, die sich meist über das Internet über eine Stadt informieren, gibt es viele Informa-tionen über die Stadt Bocholt. Auch ist es möglich über das Portal Hotelzimmer online zu buchen (Tersteegen[1] 2001). Dieser Service läuft über die „Tourist-Info", die der Stadtmarke-ting Gesellschaft angegliedert ist. An einem Service, der es ermöglicht Ferienwohnungen zu buchen wird gearbeitet und soll das Angebot in Zukunft komplettieren (Tersteegen[2] 2002).

Das kulturelle Angebot wird im Veranstaltungskalender veröffentlicht, bei dem eine Such-funktion integriert ist, mit der man nach bestimmten Veranstaltungen oder in bestimmten Zeiträumen suchen kann. Über einen direkten „Link" ist es möglich sich online Karten für Veranstaltungen zu kaufen. Um das Portal interaktiver zu gestalten sollte zu Anfang des Jahres 2002 ein Diskussionsforum eingerichtet werden, indem über aktuelle Themen disku-tiert werden kann. Doch leider wurde dies erst im Jahre 2004 realisiert (Tersteegen[1] 2001).

Als weiterer Service wurde ein Formularpaket installiert, was es dem Besucher ermöglicht sich amtliche Formulare auf den Heim-PC runterzuladen und dort zu bearbeiten. Den Weg ins Rathaus spart man sich aber dennoch nicht, weil bundesweit noch keine digitale Signatur eingeführt wurde, und somit immer noch eine handschriftliche Unterschrift als amtliche Bes-tätigung notwendig ist. Die Formulare sind aber schon alle signaturfähig, und sollte ein bundesweiter Standard eingeführt werden, so ist für eine schnelle Umstellung vorgesorgt (Tersteegen[2] 2002). Für registrierte Benutzer ist es möglich kostenlose Kleinanzeigen in 19 Kategorien einzustellen. Unternehmen können sich ins Branchenbuch eintragen lassen und für ihren Betrieb werben, die über direkte „Links" erreichbar sind, sofern sie selbst über eine Firmenseite verfügen (Intabo 2002). Bei der Intabo Datendienstleistungsgesellschaft sind mittlerweile 650 registrierte Nutzer, 172 eingetragene Firmen sowie 116 ins Vereinsbuch eingetragene Vereine registriert (Stand 29.11.2002). Insgesamt wurden im Jahr 2002 rund 600 Kleinanzeigen aufgegeben und an Online-Umfragen beteiligten sich circa 1200 Nutzer (Tersteegen[2] 2002).

Zum einen werden auf der Startseite aktuelle Themen veröffentlicht, aber auch über eine Suchmaske lassen sich viele Themen mit einem Mausklick finden. Der Link zum Presseservice ermöglicht die Recherche im Presse-Archiv der Stadt. Weitere Informationen über Termine, Meldungen, Serviceangebote sowie Veranstaltungen (z.B. Open Air Festival, Herbstkirmes) werden auch auf der Seite dargestellt. Der Bürgerservice wird durch das Programm „ProBürger" in Kombination mit dem Redaktionssystem „CitySite" von der Hertener Firma „Prosoz" Verfügung gestellt. Es ermöglicht dem Nutzer schnell und einfach nach Dienstleistungen, Fachbereichen und Ansprechpartnern per Stichwort zu suchen. Es werden insgesamt 368 verschiedene Dienstleistungen angeboten, die pro Tag circa 250 bis 300 Mal aufgerufen werden. Man kann bereits zum Beispiel Wohngeld, oder eine zweite Lohnsteuerkarte per Internet beantragen. Diese Möglichkeiten sind ein weiterer Schritt in Richtung „virtuelles Rathaus" (Tersteegen[2] 2002).

Für die Stadtmarketing Gesellschaft hat das Portal den Nutzen, dass es eine gute Werbeplattform für Veranstaltungen bietet und einen Online Kartenservice bereitstellt, aus dessen Gewinn die Stadtmarketing Gesellschaft einen Teil ihrer Einnahmen bezieht. Dieser Ticketservice soll noch weiter ausgebaut werden, sodass man auch mit einer Kreditkarte bezahlen kann, damit die vielen Anfragen der Niederländer erledigt werden können (Tersteegen[2] 2002).

4.1. Bewertung des Internetauftritts der Stadt Bocholt

Um eine unabhängige Analyse über den eigenen Internetauftritt zu haben, gab der Fachbereich für Stadtentwicklung und Wirtschaftsförderung dem Unternehmen „City & Bits" (Gesellschaft für kommunale Informationssysteme), Anfang des Jahres 2003, den Auftrag das Internetportal bocholt.de genauer zu untersuchen. Am 05.03.2003 stand das Ergebnis der Analyse fest, und wurde ungefiltert auf der Homepage der Stadt Bocholt veröffentlicht (Tersteegen[3] 2003). Das Gesamtfazit kann darauf reduziert werden, dass bocholt.de beim „Web-Check" gut wegkommt.

„Das aktuelle Internetangebot, das über bocholt.de zu erreichen ist, beinhaltet im Wesentlichen die von einem Portal einer Stadt dieser Größe zu erwartenden Informationen. Generell ist der Informationsumfang als sehr breit gefächert und weit reichend zu bezeichnen." heißt es in der Studie. Darüber hinaus wurde lobend erwähnt, dass das Portal als „Knoten der

Region" verstanden wird und unter Einbeziehung der Stadt und privater Akteure weiterentwickelt wird (Tersteegen[3] 2003).

Verbesserungen könnten sich die Tester noch in den Bereichen Benutzerfreundlichkeit und Navigationsstruktur vorstellen. Vermisst wird ein Link zu regionalen Tageszeitungen, ein Gästebuch, Foren, Chats und die Möglichkeit einen „Newsletter" über aktuelle Meldungen der Stadt zu abonnieren. Dazu kann gesagt werden, dass bis heute bereits ein Forum eingerichtet wurde, und es auch möglich ist sich über aktuelle Themen per E-Mail benachrichtigen zu lassen. Hinweise zu den rechtlichen Rahmenbedingungen, zum Datenschutz, zum Impressum und zu den technischen Kriterien werden von den Testern als „schulmäßig" beurteilt.

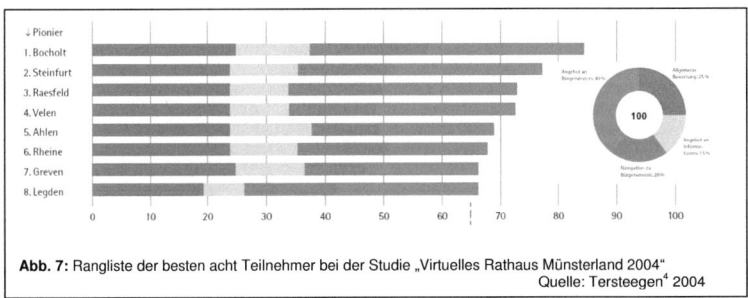

Abb. 7: Rangliste der besten acht Teilnehmer bei der Studie „Virtuelles Rathaus Münsterland 2004"
Quelle: Tersteegen[4] 2004

Ziel dieses „Web-Checks" war es „einfach mal zu sehen wo Bocholt im Städtevergleich steht", meint Heinz-Josef Nienhaus vom Fachbereich für Stadtentwicklung und Wirtschaftsförderung (Tersteegen[3] 2003). Ergänzt wurde der „Web-Check" durch eine anschließende Online-Umfrage auf bocholt.de, an der sich 282 User beteiligten. Die Gesamtnote von 2,48, welche das Internetportal von den Teilnehmern bekommen hat ergänzt das Lob, welches Bocholt durch die Studie bekommen hat.

Eine weitere Studie, die vom Institut für Wirtschaftsinformatik der Westfälischen Wilhelms Universität Münster durchgeführt wurde, analysierte 66 Städte und Gemeinden in Bezug auf den „Online-Service". Bocholt belegte bei dieser Studie den ersten Platz vor der Stadt Steinfurt und der Gemeinde Raesfeld, welche aber in der Kategorie „Gemeinden < 20.000 Einwohner" separat als Gewinner ausgezeichnet wurde (siehe Abb. 7). Am 12.02.2004 nahm der damalige Bürgermeister Klaus Ehling die Auszeichnung als „Virtuelles Rathaus Münsterland 2004" in Münster entgegen (Tersteegen[4] 2004). Bei 30 verschiedenen Kriterien, welche die Studenten unter die Lupe nahmen erhielt Bocholt durchweg Bestnoten.

Abb. 8: Bürgermeister Ehling nimmt den Preis „Virtuelles Rathaus Münsterland 2004" von Prof. Dr. Jörg Becker entgegen
Quelle: Tersteegen[4] 2004

Der Bereich „Bürgerservice" auf bocholt.de bietet zurzeit 384 Dienstleistungen online an, welche durch 42 Formulare ergänzt werden. Entweder kann der Nutzer sich durch 26 Lebensbereiche klicken oder direkt einen Suchbegriff eingeben. Außerdem wird immer eine „Top-15-Liste", der am häufigsten nachgefragten Dienstleistungen angezeigt. Der Erfolg der „Online-Dienstleistungen" zeigt sich auch im „Traffic" der Seite. Bis zu 50.000 Besucher tummeln sich im Monat auf bocholt.de. Von diesen Benutzern wird der Bürgerservice rund 12.000 Mal im Monat angeklickt (Tersteegen[4] 2004).

Anhand dieser beiden unabhängigen, objektiven Studien kann man schlussfolgern, dass der Internetauftritt der Stadt Bocholt rundum gelungen ist und ein angemessenes Aushängeschild der Stadt ist. Für die Zukunft ist eine Anschlussstudie der Westfälischen Wilhelms Universität Münster geplant, um die Fortschritte des so genannten „e-government" bei den Städten und Gemeinden zu vergleichen (Tersteegen[4] 2004).

5. Bedeutung der Stadtmarketing Gesellschaft für den Standort Bocholt

Die Ergebnisse der Arbeit der Stadtmarketing Gesellschaft Bocholt will ich mit einem Projekt der „Fachschule für Wirtschaft" am „Berufskolleg am Wasserturm" aufzeigen. Das „BK am Wasserturm" führt jedes Jahr die so genannten „100-Stunden Projekte" durch. Im Jahr 2002 bestand die Aufgabe, welche der Geschäftsführer der Stadtmarketing Gesellschaft Bocholt, den Studenten stellte darin, inwieweit Faktoren wie „Bildung", „Leben und Einkaufen", „Kultur- und Freizeitangebot", „Öffentlichkeitsarbeit" und „überregionale Darstellung der Stadt" bei unternehmerischen Entscheidungen Berücksichtigung finden.

Darüber hinaus sollte ermittelt werden wie die bisherigen Tätigkeiten der Stadtmarketing Gesellschaft Bocholt von den Bocholter Unternehmen beurteilt werden, und ob noch Maßnahmen zur Verbesserung einzelner Faktoren angestrebt werden müssen. Der Titel des Projektes welches zwischen Februar und Juni 2002 lief, lautete: „Abfrage von Einfluss und Bedeutung weicher Standortfaktoren bei Unternehmen in Bocholt". Die Studenten entwickelten einen Fragebogen, der an die Bocholter Unternehmen der Branchen „Dienstleistung", „Industrie", „Handel" und „Gastronomie" verschickt wurde. Die Ergebnisse dieser Umfrage dienen mir zur Evaluation der Arbeit der Stadtmarketing Gesellschaft Bocholt (Tersteegen[5] 2002). Durch ihre Tätigkeit in der Vergangenheit hat die Stadtmarketing Gesellschaft Bocholt einen sehr hohen Bekanntheitsgrad erlangt. Von den befragten Unternehmen kennen 98 Prozent die Institution. Knapp mehr als die Hälfte der Unternehmen (53 Prozent) haben sich bereits an vergangenen Aktivitäten beteiligt. Der Anteil der Unternehmen, die auch in der Zukunft an Aktionen teilnehmen wollen liegt knapp bei 50 Prozent (Tersteegen[5] 2002). Es lässt sich ein Trend beobachten, dass ein gesteigertes Interesse einer Beteiligung an der Aktivitäten der Stadtmarketing Gesellschaft vorhanden ist. Entweder wollen die Unternehmen sich gezielt an zukünftigen Projekten beteiligen oder aber auch eigens ins Leben gerufene Projekte veranstalten. Bereits in den Fragebögen wurden kreative Vorschläge gemacht (Tersteegen[5] 2002). Auf die Frage, ob sich die Attraktivität des Standortes Bocholt durch die Tätigkeit der Stadtmarketing Gesellschaft verbessert hat, antworteten 89 Prozent mit „ja" und

8 Prozent hatten dazu keine Meinung. Dies kann als eindeutiges „ja" gewertet werden und verdeutlicht die Bedeutung des Stadtmarketings und die erfolgreiche Umsetzung durch die Stadtmarketing Gesellschaft Bocholt. Auch eine gesteigerte Lebensqualität durch die Tätigkeit der Stadtmarketing Gesellschaft Bocholt werden von 65 Prozent bejaht (Tersteegen[5] 2002).

Insgesamt wird die Arbeit der Stadtmarketing Gesellschaft Bocholt als durchweg gelungen betrachtet. In den offenen Fragen wurde das Engagement der Mitarbeiter und deren gute Organisation sehr gelobt. Als Ziel für die Zukunft sollen die Unternehmen der Innenstadt und in den Randbezirken stärker in die Aktivitäten eingebunden werden (Tersteegen[5] 2002). Als

Abb.9: Weihnachtsbeleuchtung am Historischen
Rathaus in Bocholter
Quelle: Tersteegen[5] 2002

weiteres Ziel wurde im Projekt zum Beispiel die „verstärkte überregionale Darstellung in den Niederlanden durch Flyer in holländischer Sprache" genannt. Im darauf folgenden Jahr, bei der Werbung für das Open Air Festival 2003, wurde dieses Ziel bereits umgesetzt (siehe unter Punkt 3.2.). Die überregional bekannte Weihnachtsbeleuchtung solle zukünftig auf jeden Fall das Stadtbild zur Weihnachtszeit schmücken (siehe Abb. 9). Dies ist auch noch in diesem Jahr (2004) der Fall und ist für viele Bocholter auch nicht mehr wegzudenken. Denn Bocholt hat keinen Weihnachtsmarkt und ein wenig „weihnachtliches Flair" sollte dann doch in der Stadt erhalten sein. Die Organisation eines Weihnachtsmarktes ist eine Aufgabe die sich die Stadtmarketing Gesellschaft in Zukunft zu stellen hat.

6. Fazit

Anhand der oben genannten Aktivitäten der Stadtmarketing Gesellschaft Bocholt und durch deren Beurteilung durch die verschiedenen Wirtschaftsbranchen kann man sagen, dass Stadtmarketing in Bocholt professionell betrieben wird und dies positive Auswirkungen auf Bocholt und die Region hat. Natürlich konnte hier nur eine kleine Auswahl von Aktivitäten genauer betrachtet werden. Durch zahlreiche Innenstadtaktionen (zum Beispiel: Sandskulpturen, Wasserfontänen, Street-Soccer-WM, lebensgroße Dinosaurierfiguren, Gartenausstellungen, Dampflokomotiven, Hochseilartisten, etc.) werden immer wieder viele Besucher in die Innenstadt gelockt. Unter anderem führten diese Aktionen dazu, dass Bocholt den Wettbewerb „Ab in die Mitte" bereits zum vierten Mal gewonnen hat, was bisher in Nordrhein Westfalen einmalig ist (Waldor-Schäfer 2002). Durch die Erfindung der „bonuscard bocholt", die bundesweit erste Rabattkarte auf EC-Kartenbasis und der cleveren Innenstadtideen, erhielt Bocholt den „Urbanicom Preis 2002". Bei diesem Preis handelt es sich um den bedeutendsten Preis des deutschen Vereins für Stadtentwicklung und Handel (Waldor-Schäfer 2002).

Für herausragende Leistungen zur Förderung und Stärkung der urbanen Innenstädte sowie für vorbildliche Aktionen, Ideen und Projekte im Bereich des Stadt- und Citymarketing wurde der Geschäftsführer der Stadtmarketing Gesellschaft Bocholt, Ludger Dieckhues, mit diesem Preis ausgezeichnet. Aufgrund seiner konzeptionellen Mitwirkung bei der Ansiedlung der neuen Innenstadtcenter, die Beratung bei der Erneuerung der Fußgängerzonen oder die Integration aller Bocholter Werbe- und Straßengemeinschaften zum gemeinsamen Citymarketing, sowie viele weitere unzählige Veranstaltungen, die unter der Führung von Herrn Dieckhues durchgeführt wurden, rechtfertigten die Verleihung des Preises meinte die Jury von „urbanicom" (Tersteegen[6] 2002).

Mit diesem professionellen Team, der guten, unbürokratischen und konstruktiven Zusammenarbeit mit den Bocholter Akteuren, der engen Zusammenarbeit mit dem Verwaltungsvorstand, den städtischen Ämtern, sowie weiteren Institutionen, Vereinen und der Politik kann Bocholt sich auch in Zukunft auf zuverlässige Arbeit und die entsprechenden Erfolge der Stadtmarketing Gesellschaft verlassen.

7. Quellennachweis

Borkert, Carola (2003): „Grönemeyer-Sound am Hünting". In: Bocholter Borkener Volksblatt (BBV) vom 11.07.2003.

Dieckhues, Ludger (2003): „Open Air Dokumentation 2003", Stadtmarketing Gesellschaft Bocholt mbH & Co. KG vom 02.09.2003.

Dieckhues, Ludger (2005): „Bocholt – ein Beispiel für praxisorientiertes Stadtmarketing". In: Bocholt A-Z, Neubürgerbroschüre auf CD-ROM.

Moebs, Patrick (2003): „Wieder eine große Party – Bilanz des Open Air". In: Bocholter Borkener Volksblatt (BBV) vom 14.07.2003.

Schlütter, Christian (2003): „Stau bei Chapman und Zigarettenmangel am Hünting". In: Bocholter Borkener Volksblatt (BBV) vom 12.07.2003.

Theissen, Theo (2003): „Rock-Nacht mit Roger Chapman". In: Bocholter Borkener Volksblatt (BBV) vom 15.05.2003.

Waldor-Schäfer, Heike (2002): „Die tun was, die Bocholter – Schon wieder ein Preis für hervorragendes Stadtmarketing. Jury lobt vor allem die Erfindung der bonuscard sowie die cleveren Ideen zur Belebung der Innenstadt". In: Neue Rhein Zeitung (NRZ) vom Fr.07.06.2002.

8. Internetquellen

Deutsche Enzyklopädie,
Online unter: http://www.calsky.com/lexikon/de/txt/b/bo/bocholt.php#Stadtgliederung (abgerufen am 15.12.2004)

Map24 – Online Stadtkarten und Routenberechnung
Online unter: http://www.map24.de (abgerufen am 25.11.2004)

Intabo Datendienstleistungsgesellschaft (2002): „Willkommen bei bocholt.de", Leistungen der Intabo Datendienstleistungsgesellschaft.
Online unter: http://www.intabo.de/seiten/leistungen/bocholt_de.cfm?artikelNr=687 (abgerufen am 14.12.2004).

Tersteegen, Karsten[1] (2001): „Bocholt: Startschuss zur neuen www.bocholt.de", Deutscher Städtetag – Presse-Ecke vom 01.12.2001.
Online unter: http://www.deutscherstaedtetag.de/10/presseecke/aus_den_staedten/artikel/2001/12/01/201 (abgerufen am 14.12.2004).

Tersteegen, Karsten[2] (2002): „Ausbau des Virtuellen Rathauses kommt gut voran", Presse-Service der Stadt Bocholt vom 29.11.2002.
Online unter: http://www.presse-service.de/static/47/472054.html (abgerufen am 14.12.2004)

Tersteegen, Karsten[3] (2003): „Stadtverwaltung kommt beim Web-Check gut weg", Presse-Sevice der Stadt Bocholt vom 06.03.2003.
Online unter: http://www.presse-service.de/Static/513046.html (abgerufen am 14.12.2004, komplette Evaluierung abrufbar unter http://www.presse-service.de/medien/33326P.pdf).

Tersteegen, Karsten[4] (2004): „bocholt.de als „Virtuelles Rathaus Münsterland 2004" ausgezeichnet", Presse-Service der Stadt Bocholt vom 13.02.2004.
Online unter:http://www.presse-service.de/static/56/567369.html (abgerufen am 14.12.2004).

Tersteegen, Karsten[5] (2002): „Unternehmer-Tenor: Stadtmarketing trägt zur Attraktivitätssteigerung von Bocholt bei", Presse-Service der Stadt Bocholt vom 31.07.2002.
Online unter: http://www.presse-service.de/Static/421580.html (abgerufen am 14.12.2004, Ergebnisse des Projektes online abrufbar unter: http://www.presse-service.de/medien/24517P.pdf, lange Version unter: http://www.presse-service.de/medien/24516P.pdf).

Tersteegen, Karsten[6] (2002): „Stadtmarketing-Chef Ludger Dieckhues erhält Auszeichnung", Presse Service der Stadt Bocholt vom 06.06.2002.
Online unter:http://www.presse-service.de/static/39/398891.html (abgerufen am 14.12.2004).

Stadtmarketing Gesellschaft Bocholt mbH & Co. KG
Online unter:http://www.bocholt.de/seiten/rathaus/buergerservice/(abgerufen am 14.12.2004).